小实验串起科学史

（第20全）

从浮力定律到潜水艇

路虹剑 / 编著

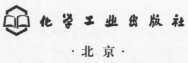

化学工业出版社

·北京·

图书在版编目（CIP）数据

小实验串起科学史．从浮力定律到潜水艇 / 路虹剑
编著．—北京：化学工业出版社，2023.10
ISBN 978-7-122-43908-6

Ⅰ．①小⋯　Ⅱ．①路⋯　Ⅲ．①科学实验 - 青少年读物
Ⅳ．①N33-49

中国国家版本馆 CIP 数据核字（2023）第 137332 号

责任编辑：龚　娟　肖　冉　　　　　装帧设计：王　婧
责任校对：宋　夏　　　　　　　　　　插　画：关　健

出版发行：化学工业出版社（北京市东城区青年湖南街 13 号 邮政编码 100011）
印　　装：盛大（天津）印刷有限公司
710mm×1000mm　1/16　印张 40　字数 400 千字
2024 年 4 月北京第 1 版第 1 次印刷

购书咨询：010-64518888
售后服务：010-64518899
网　　址：http://www.cip.com.cn
凡购买本书，如有缺损质量问题，本社销售中心负责调换。

定价：360.00 元（全 20 册）

作者序

在小小的实验里挖呀挖呀挖,
挖出了一部科学史!

　　一个个小小的科学实验,好比一颗颗科学的火种,实验里奇妙、有趣的科学现象,能在瞬间激起孩子的好奇心和探索欲。但这些小实验并不是这套书的目的和重点,它们只是书中一连串探索的开始。

　　先动手做一个在家里就能完成的科学实验,激发孩子的好奇,自然而然地,孩子会问"为什么",这时候告诉他这个实验的科学原理,是不是比直接灌输科学知识更能让孩子接受呢?

　　科学原理揭秘了,孩子的思绪就打开了,会继续追问:这是哪位聪明的科学家发现的?他是怎么发现的呢?利用这个科学发现,又有哪些科学发明呢?这些科学发明又有哪些应用呢?这一连串顺

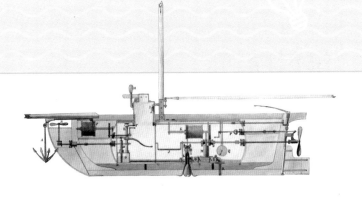

理成章、自然而然的追问，是不是追问出一部小小的科学史？

你看《从惯性原理到人造卫星》这一册，先从一个有趣的硬巾实验（实验还配有视频）开始，通过实验，能对经典物理学中的惯性有个直观的了解；紧接着通过生活中的一些常见现象来加深对惯性的理解，在大脑中建立起看得见摸得着的物理学概念。

接下来，更进一步，会走进科学历史的长河，看看是哪位伟大的科学家首先发现了惯性原理；惯性原理又是如何体现在宇宙中星体的运动里的；是谁第一个设计出来人造卫星，这和惯性有着怎样的关系；我国的第一颗人造卫星是什么时候发射升空的……

这套书共有 20 个分册，每一个分册都有一个核心主题，从古代人类文明，到今天的现代科技，内容跨越了几千年的历史，能读到伽利略、牛顿、法拉第、达尔文等超过 50 位伟大科学家的传奇经历，还能了解到火箭、卫星、无线电、抗生素等数十种改变人类进程的伟大发明的故事。

这套书涉及多个学科，可以引导孩子在无数的"问号"中深度思考，培养出科学精神、科学思维、科学素养。

目 录

你可能听说过，密度小于水的物体可以漂浮在水上，密度大于水的物体会在水中下沉，但为什么潜水艇却既能浮在水上，也能下沉到水下呢？背后隐藏着哪些你不知道的科学知识，以及有趣的历史事件呢？

下面这个实验，或许能让我们找到答案，马上动手试试吧！

潜水艇为什么能上浮和下沉呢？

小实验：能潜水的药瓶

在接下来的实验中，让我们用简单的材料，模拟一下潜水艇的工作原理。

实验准备

500 毫升的空塑料瓶、装有水的盆子、烧杯、空药瓶 1 ~ 2 个。

扫码看实验

实验步骤

1

用烧杯从盆中取水向塑料瓶中加水至瓶口。

向小药瓶中加水（不加满）。

将装了水的小药瓶倒扣进塑料瓶中，小药瓶能浮在瓶口。

盖上盖子，确保里面的小药瓶能浮在瓶口。

挤压塑料瓶，小药瓶下沉，松开手小药瓶就会浮起来。反复挤压塑料瓶，你可以控制小药瓶下沉和上浮。为什么会出现这种有趣的现象呢？

实验背后的科学原理

其实，"潜水药瓶"是一个关于浮力的趣味实验。

在这个实验中，小药瓶就相当于一个小小的潜水艇，当用力挤压塑料瓶壁的时候，小药瓶中的水增加，它的整体质量增加，导致这个时候它的重力大于受到的浮力，小药瓶下沉；当松开手的时候，小药瓶中的水减少，浮力又大于重力，小药瓶便上浮。

能让小药瓶在水中上下浮动的原因，其实就在于重力发生了改变。而潜水艇能够在水中上浮和下沉的原因，也在于此。

浮力大于重力时，潜水艇就可以从水中浮起来了

通过上面的实验，我们了解到了浮力的概念。那么，历史上是谁第一个发现浮力的？潜水艇又是谁发明的呢？让我们接着往下看。

是谁最早发现了浮力？

阿基米德（公元前287—公元前212）是古希腊的学者，并且享有"力学之父"的美称。

阿基米德出生在西西里岛叙拉古的一个贵族家庭里，父亲是天文学家兼数学家，学识渊博，为人也十分谦逊。阿基米德从小就受到家庭的影响，对数学、天文学等学科产生了浓厚的兴趣。

公元前267年，阿基米德被父亲送到亚历山大城去学习。当时的亚历山大城位于尼罗河口，是世界贸易和文化的中心。那里可谓学者云集，人才荟萃，文学、数学、天文学、医学的研究都很发达。

古希腊时期著名的学者
阿基米德

　　阿基米德在亚历山大城跟随过许多著名的数学家学习，包括有名的几何学大师欧几里得（约公元前330—公元前275）及其学生。阿基米德在这里学习和生活了许多年，对他的科学生涯产生了重大的影响，奠定了他日后从事科学研究的基础。

阿基米德的老师之一——欧几里得

有一次，叙拉古的国王让金匠做了一顶纯金的王冠，做好后，国王疑心工匠在金冠中掺了银子，但这顶金冠却与当初交给金匠的纯金一样重，到底工匠有没有捣鬼呢？国王将它交给了阿基米德。阿基米德冥思苦想出很多方法，但都失败了。

直到有一天，阿基米德一边坐进澡盆里，一边看到水往外溢，同时感到身体被轻轻推起，他突然恍然大悟。原来他想到，如果王冠放入水中后，排出的水量不等于同等重量的金子排出的水量，那肯定是掺了别的金属。

漫画：阿基米德偶然发现了浮力定律

这就是有名的浮力定律，即浸在液体中的物体受到向上的浮力，其大小等于物体所排出液体的重量。后来，这条定律就被命名为阿基米德定律。

阿基米德还有哪些发现？

　　阿基米德曾经说过一句名言："给我一个支点，就能撬起整个地球。"这句话听起来好像是一句狂言，但是有科学依据的。阿基米德在《论平面图形的平衡》一书中提出了杠杆原理，即：动力 × 动力臂 = 阻力 × 阻力臂。

　　使用杠杆原理，可以通过改变支点两侧力臂的长短，用很小的力量来撬动很重的物体。阿基米德不仅提出了杠杆原理，还使用这个原理来保护自己的祖国。

　　公元前3世纪，为了抵抗强大的来犯之敌——罗马军队，阿基米德发明了可以将石头投射大约 1000 米的投石机。

给我一个支点，就能撬起整个地球——阿基米德

正是这一神器，使得阿基米德得以保卫了自己的故乡——叙拉古城。他用支点撬起地球的自信，就是来源于此。

阿基米德使用杠杆原理发明了投石器

利用光的反射，阿基米德吓退
了入侵叙拉古的罗马战船

　　说到阿基米德的爱国和智慧，还有一段传奇的经历。有一天，
叙拉古城又遭到了罗马军队的偷袭，而此时叙拉古城的青壮年都上
前线去了，城中只剩下老人、妇女和孩子。就在这个紧要关头，阿
基米德忽然灵机一动，他让妇女和孩子们每人都拿出自己家中的镜
子，并一起来到海岸边，用镜子把强烈的阳光反射到敌人战船的船
帆上。

　　此时千百面镜子的反光聚集在船帆的一点上，船帆很快就燃烧起来了，火势趁着风力，越烧越旺。罗马士兵不知道是什么情况，以为阿基米德又发明了新武器，于是赶紧慌慌张张地逃跑了。

　　阿基米德的"武器"让罗马军队惊慌失措、人人害怕，甚至连当时的罗马将军都不得不承认："这是一场罗马舰队与阿基米德一人的战争。"

小实验：鸡蛋浮水

当我们掉入水中后，如果不会游泳，也不借助任何漂浮工具，身体很容易下沉，那是因为我们所受到的重力大于水给予我们的浮力。

其实还可以从另外一个角度去解释：我们身体的密度大于水的密度。就像我们把油倒进水里，油会漂浮在水面上一样，因为油的密度是小于水的密度的。

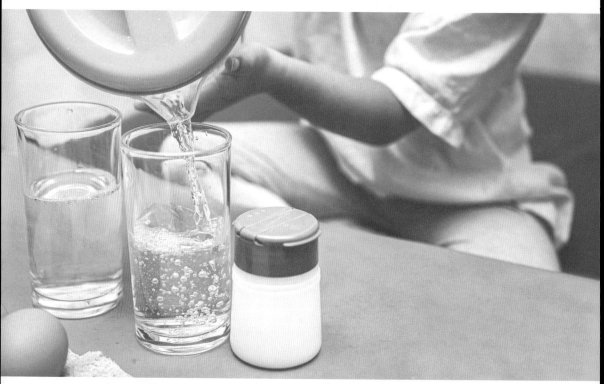

如果拿一个鸡蛋放进水里，鸡蛋也会沉到水底。这似乎是自然界不变的规律。那么鸡蛋会不会"逆袭"呢？鸡蛋会慢慢浮起来吗？

鸡蛋放进水里会沉下去，是因为鸡蛋的密度大于水的密度。那么我们改变水的密度会出现什么结果呢？下面我们一起来做个实验吧！

实验准备

扫码看实验

鸡蛋、清水、盐、玻璃杯、搅拌棒。

实验步骤

1

在玻璃杯中加入水和盐，并用搅拌棒搅拌均匀。

将鸡蛋放入杯中，看看会有什么情况出现呢？

2

实验的结果显示，鸡蛋会慢慢地浮出水面。为什么会有这样的实验结果呢？

事实上，我们不断地向水中放入盐并搅拌，清水会变为盐水，密度不断地增大。当盐水的密度大于鸡蛋的密度时，水给鸡蛋的浮力大于鸡蛋的重力，鸡蛋就会渐渐浮出水面了。

我们再往杯中加水，将盐水中盐的浓度降低，会有怎样的结果呢？

随着加入的水越来越多，鸡蛋慢慢下沉到杯子的底部。这又是为什么呢？请你想一想。

从"浮具"到独木舟

　　不知道你是否好奇：在原始社会，人们是怎样渡水的呢？水上交通工具是怎样的？其实，古时候的人类也是借助浮力来实现渡水的，只不过所使用的工具五花八门。

　　最早的时候，人们使用的渡水工具被称为"浮具"，比如树枝、树干、芦苇和竹竿等。人们通常在入水时借助这些浮具漂浮在水面上，身体下半部分浸泡在水中，再用手和脚划水前行。

在船发明之前，"浮具"成为古人渡河的一类工具

　　随着人类活动区域的不断扩大，不同地区的人们会结合当地所处的实际情况和易得的材料来制作简易的渡水工具，因此原始的渡水工具也是多种多样的，例如葫芦、蜂巢、吹鼓的动物皮囊等。虽然现在看来这些原始的渡水工具十分简陋，安全性能也不高，但它们仍是人类智慧的结晶，是原始社会人们在水上通行时不可或缺的好帮手。

随着生产力水平和科学技术的发展与进步，水上交通工具逐渐由渡水工具演变为真正意义上的船舶。在浮具出现之后，随着人们对浮具的不断改造和发展，船的雏形出现了。它大致有两种：一种是筏，另一种是独木舟。

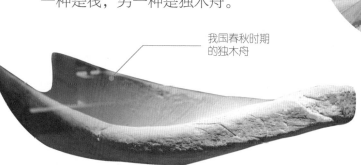

我国春秋时期的独木舟

绘画作品中出现的竹筏

筏是将树枝、树干用芦苇或藤条捆绑在一起，制作成的简易的渡水工具。筏对技术的要求不高，制作起来省时又省力，而且筏的面积大，可以承载更多的人和物；但其弊端在于容易被水浸湿，还不容易控制。

将树干的两端削成尖状，中间挖空，制成的渡水工具就是最初的独木舟。独木舟虽然比较容易控制，但是它可乘坐的区域只有树干中间被挖空的一部分，运载能力比较弱。

水上交通工具由浮具发展为筏、独木舟，虽然技术含量依然很低，但这是船舶史上的重大进步和突破。

同浮具一样，不同地区原始的船舶也各具特色。例如埃及地处沙漠地区，植被稀少，那么怎样制作筏或者独木舟呢？聪明的埃及人用当地盛产的纸莎草制成纸莎草筏，之后还在纸莎草筏上架起了风帆。而爱尔兰人则是用当地常见的柳条编制出柳条舟，作为独具特色的渡水工具。

随着科技水平的发展，人们在独木舟的基础上，又逐渐发展出了帆船、螺旋桨船、蒸汽机船、柴油机船等，并应用于货运、客运、科考、军事等诸多领域。

绘画作品中的古埃及帆船

中国古代造船技术如何?

中国海域广阔，又有许多大江大河，船是水域附近人们生活的必需品。中国是世界上造船历史最悠久的国家之一，在远古时期，我们的祖先就发明了独木舟、筏等简易的渡水工具。从那以后的漫长时间里，造船技术不断发展和改进。中国古代造船技艺到底怎么样呢？

———— 我国西汉时期的独木舟

随着时间的推移，中国古代造船技术从出现逐渐发展到鼎盛。在新石器时代，中国南部百越人发明了独木舟。随着人们生产生活的需要，窄小的独木舟逐渐被空间较大的舫取代。

秦始皇统一六国后，国力昌盛，造船业也出现了第一个高潮。秦始皇几次乘船进行大规模的航行，还派遣船队去东南亚访问。在秦始皇制定的政策推动下，造船技术开始了飞速发展。到汉朝时期，中国已经能建造出相对完善的船舰，而且船舰还成为当时水上作战的重要工具。

到唐宋时期随着社会的繁荣，中国造船业迎来了第二个高峰，出现了很多先进的造船技术。当时人们已经能

南宋画家马远的《寒江独钓图》（约 1195 年）

熟练建造体积庞大、结构复杂的船只了。明朝时期是中国古代造船技术的鼎盛期，达到世界先进水平，出现了许多大型的造船厂。

正是这些先进的造船技术给郑和下西洋提供了性能优越的船只，郑和才能多次率领庞大的船队下西洋。当时郑和率领的船队中有高达几层楼的木帆船，这是当时世界上最大的木帆船。

明朝时期，郑和曾七下西洋，拜访了 30 多个国家和地区

不仅如此，据考证，在商朝，我国劳动人民就已经使用舵了，比欧洲早了一千多年。

是谁发明了潜水艇？

那么，既能浮在水面又能下沉到水中的潜水艇，又是谁发明的呢？

说出来可能会让你感到意外，意大利文艺复兴时期的大画家莱昂纳多·达·芬奇（1452—1519）绘制了人类最早的潜艇草图，英国数学家威廉·伯恩 1578 年在他的书中描述并绘制了一个潜水器。但直到 1620 年，荷兰发明家科内利斯·范·德雷贝尔（1572—1633）才成功建造了一艘可航行的潜艇。

范·德雷贝尔用防水皮革紧紧包裹着一艘木制划艇，并在划艇表面安装了空气管以提供氧气。当然，当时还没有引擎，所以这艘潜水艇桨是用皮革垫片穿过船体的。范·德雷贝尔第一次与 12 名划桨手在泰晤士河上进行了实验，并在水下待了 3 个小时。

范·德雷贝尔建造了第一艘真正意义上的潜水艇

1776年，美国的戴维·布什内尔（1740—1824）建造了第一艘用于军事目的的潜艇——"海龟号"。

这是一艘单人木制潜艇，由手动螺旋桨驱动。"海龟号"是在美国独立战争期间用来对付英国战舰的。

这艘"海龟号"潜艇能够接近在水中的敌舰，并将炸药附着在船体上。不过，当时由于技术原因，炸药并没有工作。

第一艘用于军事目的的潜艇——"海龟号"，不过它只能乘坐一个人

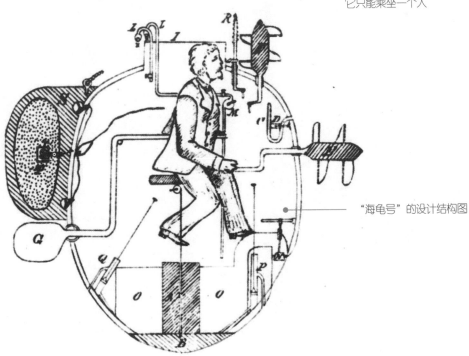

"海龟号"的设计结构图

1801 年，美国发明家罗伯特·富尔顿（1765—1815）成功地在法国建造和操作下潜了一艘潜艇，这是一艘形状类似雪茄的潜艇，取名为"鹦鹉螺号"。"鹦鹉螺号"潜艇在水下时由手摇式螺旋桨驱动，并有一个风筝状的帆作为水面动力装置。

这是人类历史上第一艘有独立推进系统用于水面和水下作业的潜水器。除此之外，它还携带了压缩空气瓶，可以让两名船员在水下停留近五个小时。

罗伯特·富尔顿设计并建造的"鹦鹉螺号"潜艇

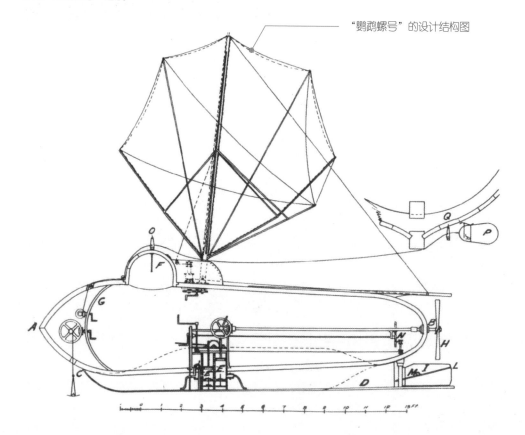

"鹦鹉螺号"的设计结构图

在美国内战期间（1861—1865），工程师霍勒斯·劳森·亨利（1823—1863）将蒸汽锅炉改装成了潜艇。它可以通过手动螺旋桨以4节（1节等于每小时1.852千米）的速度前进。

不幸的是，这艘潜艇在南卡罗来纳州查尔斯顿的试航中出现两次事故并最终沉没，导致全体船员包括亨利的死亡。

美国发明家霍勒斯·劳森·亨利

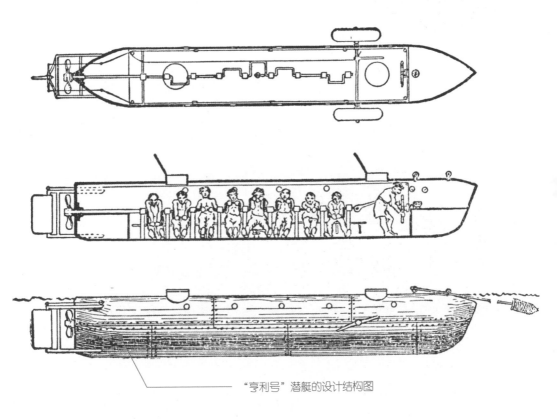

"亨利号"潜艇的设计结构图

第一艘军用潜艇的诞生

西班牙工程师和水手
艾萨克·佩拉尔

　　第一艘完全具备军事能力的潜艇，是由西班牙工程师和水手艾萨克·佩拉尔（1851—1895）为西班牙海军建造的电动潜艇。它于1888年下水，并配有两枚鱼雷和全新的空气系统，船体形状、螺旋桨和"十"字形尾舵很接近现代潜艇。

　　这艘电动潜艇的水下速度是每小时十海里（18.52千米）。当它充满电时，是当时速度最快的潜艇，其性能水平（除了航程）与第一次世界大战的U型潜艇相当。1890年6月，佩拉尔的潜艇在海底发射了一枚鱼雷。然而，尽管进行了两年的成功试验，西班牙海军高层的保守派还是终止了该项目。

停靠在西班牙巴塞
罗那维尔港的潜艇
复制品

　　到了 1890 年，两位美国的发明者都开发出了真正意义上的军用潜艇。美国海军购买了约翰·P.霍兰德建造的潜艇，而俄罗斯和日本选择了西蒙·雷克设计的潜艇。

　　他们的潜艇在水面巡航时使用汽油机或蒸汽机，在水下航行时使用电动机。他们还发明了由小型电机驱动的鱼雷，从而引入了世界上最危险的武器之一。

1902 年的一张潜艇设计图，结构已非常接近现代潜艇

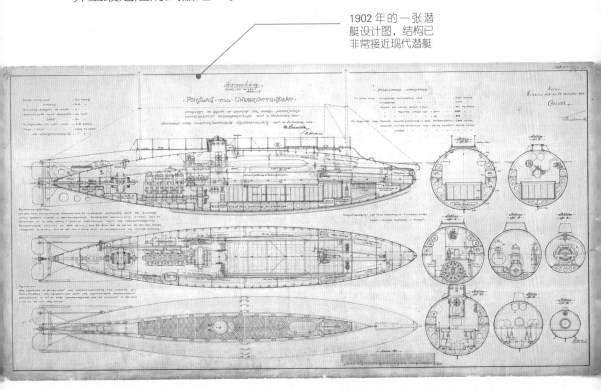

　　随着第一次和第二次世界大战的爆发，潜艇被广泛投入到战争中。例如在著名的大西洋战役中，德国依靠潜艇"狼群"战术，仅在 1942 年就击沉了同盟国船只 1160 艘。不过到了 1943 年后，随着同盟国海上护航系统、远程空中掩护以及探测和反潜武器的改进，德国的潜艇战术逐步走向衰败。

1955年，出现了世界上第一艘核动力潜艇——美国海军"鹦鹉螺号"，全长98.5米，吨位3674吨。水面航速18节（航海的速率单位，1节相当于每小时1.852千米），水下航速可达23节。美国海军"鹦鹉螺号"也是第一艘从水下穿越北极的潜艇。

潜艇不仅可用于军事，而且能用于海洋科学研究、海底观光、勘探开采等多种用途

留给你的思考题

1. 在小实验中，除了用小药瓶来做"潜水艇"，你还可以找到什么样的东西来做呢？

2. 除了潜水艇和船等水上交通工具，还有哪些现象和浮力有关？你能列举出3个吗？